I0484129

Guy de maxence Afanda

Reconsidérations mathématiques

LA VARIATION REMANENTE

La variation rémanente de la grandeur x ou de la variable x est :

$$\Delta_n x = \frac{x^{n+1} - x_0^{\,n+1}}{x^n}$$

La différentielle rémanente est alors : $d_n x = (n+1)dx$

Chaque fois, n est la fréquence ; c'est elle qui -mesurée en « fois »- entretient la rémanence.

Il y a état stationnaire à : $\Delta_n x = 0$. Le tableau suivant l'illustre :

n	x
0	x_0
1	$x_0 , -x_0$
2	$x_0 , x^2 + x_0 x + x_0^2 = 0$
3	$-x_0^2 , x_0^2$
...	...

Si f est une fonction ou une application, le mouvement stationnaire obéit à la relation : $\Delta_n f(x) = 0$, avec :

$$\Delta_n f(x) = \frac{f^{n+1}(x + \Delta x) - f^n(x)}{f^n(x + \Delta x)}$$

$$\equiv \frac{f^{n+1}(x) - f^n(x_0)}{f^n(x)}$$

La stationnarité exige alors : $x_0 \neq 0$, et respectivement : $f(x_0) \neq 0$.

Ces études font songer aux actions retentissantes, celles-là qui demeurent après l'extinction ou la disparition de la cause. En l'occurrence, avec une fonction ou une application f, il y a action retentissante si :

$$df = \varphi f dg + \Phi dg,$$ avec : $\varphi \neq 0\ et\ \Phi \neq 0$, où g est la fonction ou l'application directrice, φ et Φ sont des rythmes.

Nous noterons que dans ce cas la dérivée de la fonction nulle 0_f n'est pas nécessairement nulle. Ainsi,

$$d^2 f = (\varphi' + \varphi^2)f dg^2 + (\varphi\Phi + \Phi')dg^2,$$ telle que :

$$\begin{cases} \varphi' + \varphi^2 : l'oscillateur \\ \varphi\Phi + \Phi' : le\ retentisseur \end{cases}$$; f est donc une fonction ou une application transmissive.

Un exemple est f définie par :

$$f(x) = x^{n+1} + (-x)^{n+1} = [x^n - (-x)^n]x$$; n est une fréquence.

L'étude de cette fonction appelle certaines reconsidérations que nous ferons tantôt. Il s'agit de la définition de la fonction logarithme. A la base nous avons :

$$F(x) = \int \frac{dx}{x}$$

Puis tour à tour :

. F(ab)=F(a)+F(b)

. $F(\frac{a}{b})$=F(a)-F(b)

. $F(x^p)$=pF(x) ; $p \in R$

. $F(2^x)$=x ; cette écriture est faite par rapport à la formation duomérique des nombres entiers ; en effet chaque entier

s'écrit sous la forme : $N = \sum_{i=0}^{m} \alpha_i 2^i$; $\alpha_i \in \{0,1\}$.

De façon générale,
$$(x) = \sum_{i=0}^{n} (-1)^{E(i)} \frac{x^{n+1}}{n+1!} f^{(i)}(x)$$
, avec :

$$f^{(i)}(x) = \frac{d^i f(x)}{dx^i}$$; n est le degré nômial de f . Par

application, $$\int \frac{dx}{x} = 1 + \frac{1}{2} + \frac{1}{3} + \dots + \frac{1}{n+1}$$; il apparaît

qu'il convient bien d'écrire que : $\int \frac{dx}{x} =$ Logx=Log2^y=y,

dans ce nouveau cas. Plus, a $\leq Logx <$ b , tel que :

Logx=a+k2^{-a}, avec : k $\in \{n \in N / 0 \leq n < 2^a, a \in N, b \in N\}$.

En étudiant la fonction f définie par : f(n)=$(-1)^n$= $2^{nLog(-1)}$, il apparaît bien que Logx est définie algébriquement pour x>0 (le logarithme algébrique). Ainsi, il convient d'admettre que Log(-1) est un donné géométrique (le logarithme géométrique), en l'occurrence, la superficie de l'aire telle que : $\int_{4}^{2} \frac{dx}{xLogx}$.

LES DIFFERENTIELLES HETEROCLITES

Elles sont de la forme : $\displaystyle\sum \varphi_i df_i(x_i) = df(x_1,...,x_n)$

Par exemple, ayons : adf(x)+bdg(y)=0 ; elle est équivalente à : af'(x)dx+bg'(y)dy=0. Pour la résolution, procédons ainsi : posons, A=af'(x), B=bg'(y), telle que : Adx+Bdy=0 (1) ; donc : dAdx+dBdy=0 (2). En exploitant l'équation (1), nous obtenons : BdA-AdB=0 ; soit : A=BC^{te}.

UN ALGORITHME POUR RESOUDRE LE PROBLEME DES n CORPS

Souvenons-nous que : $\dfrac{a}{b} = \dfrac{c}{d} = \dfrac{a+c}{b+d}$. En allant plus loin,

nous avons : $\dfrac{a}{b} = \dfrac{c}{d} = \alpha\dfrac{ac}{bd}$; nous en déduisons :

$\alpha = \dfrac{d}{c} = \dfrac{b}{a} = \dfrac{b+d}{a+c}$; d'où : $\dfrac{a}{b} = \dfrac{c}{d} = (\dfrac{b+d}{a+c})\dfrac{ac}{bd}$.

A cet exemple, obtenons :

$\dfrac{a}{b} = \dfrac{c}{d} = \dfrac{e}{f} = (\dfrac{df + bf + bd}{ac + ae + ce})\dfrac{ace}{bdf}$. Plus largement encore,

nous avons :

$$\dfrac{x_i}{y_i} = ... = \dfrac{x_n}{y_n} = (\dfrac{\prod_{n-1}^{y_i}}{\prod_{n-1}^{x_i}})\dfrac{\prod x_i}{\prod y_i}$$; notons que par exemple :

$\prod_{2}^{(a,b,c)} = ab + ac + bc$ (la multiplication des éléments a b

c deux à deux).

Maintenant, considérons deux corps de masses respectives m et m' en interaction à distance. Ils agissent de façons égales l'un sur l'autre selon l'égalité nécessaire de l'action et de la réaction. Les forces réciproquement exercées ont même intensité, telle que :

$$F=F'= \varphi\frac{m}{d} = \varphi^{'}\frac{m'}{d} = (\frac{\varphi d + \varphi' d}{m + m'})\frac{mm'}{d^2}$$

Selon l'expérience, il faut que : $\dfrac{\varphi d + \varphi' d}{m + m'} = C^{te}$

Avec trois corps nous avons :

$$F_1 = \frac{m_1 v_1^2 \sqrt{d_1^2 + d_1^{'2} - d_1 d_2 \cos\alpha_1}}{d_{1d_2}\sin\alpha_1} = \varphi_1 \frac{m_1}{d_1 d_1^{'}} \text{ ; donc :}$$

$$F_1 = F_2 = F_3 = C^{te}\frac{m_1 m_2 m_3}{d_1^2 d_2^2 d_3^2}$$

Pour n corps, tenons :

$$F_1 = F_2 = ... = F_n = C^{te}\frac{\displaystyle\prod m_i}{C_2^n \displaystyle\prod_{i=1} d_i^2}$$

LE REPERE CARTESIEN ROND

Le repère cartésien plat est celui utilisé habituellement, soit le repère dont la forme matricielle est : $\begin{bmatrix} 1 & 0 \\ 0 & 1 \end{bmatrix}$, comme le canon matriciel ou formel du repère cartésien orthonormé (O, $\vec{i}, \vec{j}$) ; ainsi, un point de position (x ; y) dans ce repère a cette position justement. Plutôt, la matrice : $\begin{bmatrix} 0 & 1 \\ 1 & 0 \end{bmatrix}$, est le canon matriciel ou la forme matricielle de l'antirepère (O, $\vec{j}, \vec{i}$) tel que un point de position (x ; y) dans le repère a la position plutôt (y ; x). Ainsi il faut noter que le passage d'un repère à un antirepère est une rotation d'angle α tel que : $\alpha = \dfrac{\pi|x-y|}{2\sqrt{x^2+y^2}}$; $(O,\vec{j},\vec{i})$ est le repère rond cartésien en l'occurrence.

Au stade spatial, le canon matriciel du repère est : $\begin{bmatrix} 1 & 0 & 0 \\ 0 & 1 & 0 \\ 0 & 0 & 1 \end{bmatrix}$; et l'antirepère ou le repère rond est de canon ou base matricielle : $\begin{bmatrix} 0 & 1 & 1 \\ 1 & 0 & 1 \\ 1 & 1 & 0 \end{bmatrix}$, tel que la position (x ; y ; z) d'un point dans l'espace plat ou le repère direct $(O, \vec{i}, \vec{j}, \vec{k})$ est plutôt : (y+z ; x+z ; x+y) dans l'antirepère $(O, \vec{k}, \vec{j}, \vec{i})$; il y a ainsi une rotation d'angle θ tel que :

$$sin^2\theta = \frac{r^2 - (R-r)^2}{r^2} = \frac{2Rr - r^2}{r^2}$$; $r = \sqrt{x^2+y^2+z^2}$;

$$R = \sqrt{(x+z)^2 + (x+y)^2 + (y+z)^2}$$.

Un algorithme pour trouver le rayon moyen est : étant une ellipse de grand rayon A et de petit rayon a, la trigonométrie de l'ellipse est :

$$\begin{cases} u\sin\alpha = (a-u)\cos\alpha \\ v\cos\alpha = (A-v)\sin\alpha \end{cases}$$

$$u = a - R\sin \alpha \; ; \quad v = A - R\cos \alpha \; ;$$ si A est pris pour base, R est le rayon moyen ; le calcul conduit à :

$$R^2 = \frac{A^2 + a^2 tg^2\alpha}{1 + tg^2\alpha} = a^2 sin^2\alpha + A^2 cos^2\alpha$$

.

LA MULTIPLICATION DUALISTE

Cet état de chose exige les précisions suivantes :

1°) 1≠+1 ; autrement dit, x≠+x, en ce sens que si x indique une quantité ou une grandeur, +x indique une opération ou un trajet ; par exemple : +2= $\int_{1}^{3} dx$, $-4 = \int_{6}^{2} dx$, sont des trajets; +x indique l'accroissement ou l'opération d'ajout, -x indique le décroissement ou l'opération de séparation ; par conséquent l'opération : 1-2=0-1, donne un résultat différent de l'opération : +1-2=(+1)-(+2)=+0-1 ; si donc 0 indique rien ou l'absence, -0=+0 indique l'inertie ou la conservation ; alors, 0-1=inv(1-0)=inv(1) ; l'inverse de +1 est -1, mais l'inverse de 1 est 1̶, « 1 barré » : un trou ou un vide ou une absence. En revanche, +0-1=-1.

2°) il faut distinguer la multiplication digitale discontinue ou arithmétique, et la multiplication continue ou géométrique ; la multiplication arithmétique est la suivante : a++b=ab ; la multiplication géométrique est la suivante : $a \times b = \begin{bmatrix} a & a\sqrt{1-\sin\alpha} \\ b\sqrt{1-\sin\alpha} & b \end{bmatrix}$; $\alpha = \hat{a}b$; l'argument de : $a \times b$, est :

$$\arg(a \times b) = \det(a \times b) = ab\sin\alpha \,.$$

De nouvelles considérations à tenir apparaissent alors nécessairement sous la forme de notations discriminatoires et d'opérations contraires spécifiques.

Pour les notations, nous établissons tour à tour :

i) $x ++ x = x^2$; et donc : $x ++ \ldots ++ x = x^n$

ii) $x \times x = x^{+2}$; et donc : $x \times \ldots \times x = x^{+n}$.

Pour les opérations contraires, nous sommes appelés à distinguer la division distributive et la division fractale ou séquentielle d'une part, la racine carrée induite et la racine carrée prémitielle d'autre part. Donc tour à tour :

1°) la distribution

Nous la formulerons : $a -- b$ (a diminué b fois) ; lorsqu'elle est égalitaire, nous avons l'écriture connue : a=bq+r ; lorsqu'elle est inégalitaire, nous avons : $a = \sum_{i=1}^{b} q_i$

De façon générale, il faut déjà relever que de façon précise, $a = q_n b + r_n 10^{-n}$, où n est le nombre de sous-divisions effectuées ; par exemple, $11 -- 4 = 2{,}75$; ici, il y a deux sous-divisions ; (r_0=3, q_0=2), (r_1=2, q_1=2,7) et (r_2=0, q_2=2,75) ; prenons encore l'exemple suivant :

$11 -- 7 = 1{,}5714285\ldots$; nous l'analysons par le tableau suivant :

n	r_n	q_n
o	4	1
1	5	1,5
2	1	1,57
3	3	1,571
4	2	1,5714

5	6	1,57142
6	4	1,571428
7	5	1,5714285

A la vérité, cette division est égalitaire s'il existe r_n tel que $r_n=0$. Sinon, nous devons admettre que :

$D=\Sigma q_i=\Sigma(q+\delta_i)=qd$; donc : $\delta_i=q_i-q$, et : $\Sigma\delta_i=0$; donc :

$D -- \ d = q$, est égalitaire, tandis que : $D -- \ d \in \{q|$

$D=\Sigma q_i=\Sigma(q_0+\delta_i)=q_0d\}$, est inégalitaire. Par suite, 2-1 et 2+1 par exemples, sont des moitiés inégalitaires de 4.

2°) la division séquentielle

Si pour la division distributive le quotient se définit en « ...pour chacun », en division séquentielle il s'agit du « ...fois ». Par exemples : $3 -- \ 2 = 1,5$ « pour chacun », ou 2 et 1 « pour chacun respectivement » ;

$$\frac{3}{2} = 1,5$$

« fois » ; par application : c=a $\times$ b , conduit à :

$$a = \frac{c}{b} = \det(c) -- b\sin \hat{b}a$$

; en général :

$$z = \frac{x}{y} = \det(x) -- y\sin \hat{y}z$$

.

3°) la racine carrée induite

En fait, la divisibilité est la possibilité d'effectuer un nombre fini de sous-divisions après la division.

L'ensemble des nombres réels est l'ensemble des positions sur une demi-droite d'origine O ; ils sont tous divisibles pour la continuité de la demi-droite, notamment par deux selon la formation duomérique des nombres entiers.

Toute quantité n'appartenant pas à une demi-droite prise pour référentielle, est un paranombre ou un induit géométrique, à savoir le résultat d'une déformation de cette droite ; par exemple, $\sqrt{2}$ est le résultat de : $(1+1)^{\sim\frac{\pi}{2}}$,

soit donc $(1+1)$ modulée par la déformation $\frac{\pi}{2}$; en effet, observons la figure suivante :

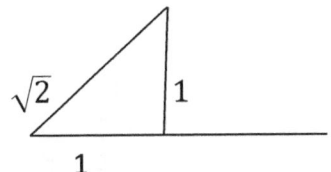

Alors en général, par rapport à une demi-droite prise pour référence :

$$(a+b)^{\sim\alpha} = \sqrt{a^2 + b^2 - 2ab\cos\alpha}$$

17

$$(\text{a-b}){\sim}\alpha = \sqrt{a^2 + b^2 + 2ab\cos\alpha}$$

$$(\text{a++b}){\sim}\alpha = \begin{vmatrix} a\cos\alpha & a\sin\alpha \\ b\sin\alpha & b\cos\alpha \end{vmatrix} \qquad (1)$$

$$(\text{a - - b}){\sim}\alpha = \begin{vmatrix} a\cos\alpha & a\sin\alpha \\ \sin\alpha -- b & \cos\alpha -- b \end{vmatrix}$$

$$(\text{a} \times b){\sim}\alpha = \left[\frac{a}{b\sqrt{1 - \sin\theta\cos\alpha}} \quad \frac{u\sqrt{1 - \sin\theta\cos\alpha}}{b} \right]$$

Ainsi, $$\sqrt{2} = (1 - 1){\sim}\frac{\pi}{2} = (1 + 1){\sim}\frac{\pi}{2} \; ;$$ et de façon générale : a $\in N$,

$$\sqrt{a} = \sqrt{i^2 + j^2} = (i + j){\sim}\frac{\pi}{2}$$

Plus loin : $$\sqrt[n]{a} = \sqrt{i^{2(n-1)} + j^{2(n-1)}} = (i^{n-1} + j^{n-1}){\sim}\frac{\pi}{2} \, .$$

4) la racine carrée prémitielle

Elle est notée : $\sqrt[+]{x}$, où x est une aire. Ainsi :

$\sqrt[+]{x} = \sqrt[+]{a \times b} = \hat{a},b$: la juxtaposition angulaire de a et b.

Avec :

$$a \times b \times c = \begin{bmatrix} a & a\sqrt{1 - \sin \alpha_{ab}} & a\sqrt{1 - \sin \alpha_{ac}} \\ b\sqrt{1 - \sin \alpha_{ab}} & b & b\sqrt{1 - \sin \alpha_{bc}} \\ c\sqrt{1 - \sin \alpha_{ac}} & c\sqrt{1 - \sin \alpha_{bc}} & c \end{bmatrix}$$

Et qu'avec un multiangle $\alpha(\alpha_1, \alpha_2, ..., \alpha_n)$, nous obtenons :

$$\sin (\alpha_1, \alpha_2, ..., \alpha_n) = 1 + (n - 1)\prod \sqrt{1 - \sin \alpha_i} + \sum \sin \alpha_i - n$$

$$, \quad \sqrt[+n]{x_1 \times x_2 \times \cdots \times x_n} = x_1, \hat{...}, x_n \ .$$

$$*$$

La relation (1) montre que : $(a ++ b) \sim \dfrac{\pi}{2} = - ab$; donc

que : $(x ++ x) \sim \dfrac{\pi}{2} = - x^2$

Autrement dit, l'équation : $x^2 + a^2 = 0$, indique que :

$x^2 = (a ++ a) \sim \dfrac{\pi}{2}$, soit : x=a⁻ , le côté d'un carré déduit.

Plus encore, cette équation conduit à :

$$\begin{vmatrix} x & -a \\ a & x \end{vmatrix} = \begin{vmatrix} a & -a \\ a & -a \end{vmatrix}.$$ Aussi, il émerge que à la fois : x=a, et : x=-a ; autrement dit, x= $\pm a$, un dinombre ou un nombre énantiomorphe. Et bien, x^2 = (+a)++(-a)= -a^2 .

LES PERMEABLES

Soit un objet Ω d'épaisseur ε par rapport à une aire A prise pour base ; il y a multiplication de pores si : $\sum o_i$ = qA ; il y a superposition de pores si :

$$\sum o_i = \int_{\epsilon}^{\epsilon_i \leq \epsilon} A d\epsilon$$

L'objet Ω est perméable s'il comporte un tunnel ou plusieurs tunnels de grande lissité. Le tunnel est donc la superposition totale de pores ; donc :

$$\sum o_i = \int_{\epsilon}^{0} A d\epsilon = o_\lambda$$

est un tunnel. La longueur l_o du tunnel est la distance la plus courte pour traverser le tunnel. Le tunnel est droit si : $l_o = \varepsilon$; ainsi, si la rugosité du tunnel est r telle que : $dr = -\dfrac{dp}{p}$, où p est la lissité du tunnel, donc : $p = \varepsilon 2^{-r}$, la perméabilité minimale de Ω est : $\pi_\lambda = \lambda 2^{-r}$, où λ est la course dans le tunnel. La perméabilité globale est :

$$\pi_\lambda = \lambda \sum 2^{-r_i} > \int_0^\epsilon (2 - 2^{-r})ds$$

.

$$E=mc^2 \quad ou \quad m^3=Eq^2$$

INTRODUCTION

La différence entre le mathématicien et le physicien apparaît nettement devant la longueur. Le mathématicien cherche la mesure de la longueur, le physicien en cherche la définition.

La physique est le discours sur la nature. « La nature », c'est-à-dire l'observable permanent ; l'existant permanent.

L'Homme ne peut donc pas éluder les caractères communs ou les propriétés communes qui l'unissent inexorablement au reste de l'univers.

Aussi, toute attention panoramique sur le global, préconise la présence des caractères généraux ou les propriétés générales attachées à tout ce qui existe.

La physique, ou le discours sur le général, est à son ultime mission, le discours sur le permanent (la matière, le mouvement, l'énergie, la force,...). Son évolution la fait passer par plusieurs âges nécessaires de la pensée humaine.

Il y a d'abord la physique théologique, du style de la genèse biblique. Ici, les principes sont l'observation, la volonté divine et l'analogie (le tonnerre est la gronderie de Dieu, l'orage est la colère de Dieu, la pluie est l'arrosage de Dieu ; les phénomènes sont des actes de Dieu, sinon des versions des actes de Dieu ; le système solaire par exemple, est une horloge de Dieu ; de même que l'alternance du jour et de la nuit est une instauration de Dieu).

Ensuite, il y a la physique mythologique. Le mythe est un récit explicatif ou narratif sur le vécu ou le réel. Mais un récit à priori. La physique mythologique est donc présomptive ou constructive, fondée sur l'observation l'interprétation et la comparaison. A la façon de la physique aristotélicienne, elle décrit les phénomènes en les déportant mentalement de leur scène objective, pour les rallier aux persuasions, pour les reconstruire. Par exemple, chez Aristote, les choses tombent parce qu'elles sont chargées ou assiégées par une vertu chutante. Encore, « le repos est l'état naturel des choses ».

Jusqu'ici, le physicien parle de la nature à la place de la nature. Il se substitue à elle pour la teneur de l'énonciation. L'observation n'est pas en cause, mais la prononciation de données de l'observation. Par exemple, la chute d'un objet montre le mouvement d'une chose mue sans impulsion, ou plus précisément sans moteur. L'énonciation aristotélicienne puise dans l'ingéniosité pour la définir. Même les apports newtonien et einsteinien ne satisfont pas définitivement.

Toujours est-il que lorsque la physique mathématique émerge, elle survient comme la physique fondée sur l'observation, l'expérimentation et la formulation mathématique de phénomènes. L'expérimentation a alors la vertu performante de copier les phénomènes et les données de l'observation, et de laisser entrevoir les principes et les causes qui déterminent les phénomènes. De plus, il est improbable d'obtenir des certitudes sinon des renseignements mathématiques fidèles, sans se référer directement aux phénomènes eux-mêmes.

Aujourd'hui du moins, si un visiteur entre dans l'univers de la physique mondialement en vogue, il y trouvera des acteurs présents ou passés, des résultats en vigueur ou obsolètes, des récits indiquant une hyperactivité de la matière grise et des dispositifs, et en toile de fond, l'histoire de la physique. Cette histoire est un chapelet sinon un faisceau de prouesses, de découvertes, de réfutations, de consensus et de controverses. C'est précisément pour taire les controverses que les grands maîtres de cet univers sont apparus. Galilée et ses contemporains (Descartes, Kepler, …) et leurs héritiers

(Newton, Coulomb,…), arrivent et mettent fin à la physique aristotélico-antique en énonçant des thèses métrables (offrant la possibilité de mesurer les phénomènes).

Aujourd'hui encore pourtant, des écueils exigent l'abandon de certitudes consacrées, pour l'avancement sinon la cohérence de la physique mathématique. En effet, comment concilier la mécanique céleste newtonienne et la théorie de la relativité générale, alors qu'elles sont toutes deux fortes mais étanches ? Comment est-il possible que la généralité de la théorie de la relativité générale soit efficacement heurtée par la mécanique quantique ? Et la théorie du tout qui peine à émerger alors que la théorie du big bang indique ou établit l'unité de l'univers.

 Les travaux qui sont présentés dans les pages suivantes, furent motivés contre ces écueils. Pour éviter un travail harassant et stérile sinon contreproductif, il a fallu premièrement, obtempérer à l'adage selon lequel, « lorsque l'on s'est perdu en cours de route, il vaut mieux revenir au lieu de départ, pour repartir avec assurance » ; deuxièmement, il a fallu vérifier jusqu'où est vraie l'affirmation de Gaston Bachelard selon laquelle la physique actuelle est une fabrique de phénomènes, pour dissiper l'encombrement artefactuel sinon la pollution conjecturelle, nuisibles à la vérité dans la physique expérimentale. Il a donc fallu remarquer que   pour réconcilier la mécanique classique, la théorie de la relativité et la mécanique quantique, de façon à ce que la physique mathématique forme un bloc, ou un corps homoclite de théories complémentaires, il faut abandonner la mécanique céleste de Newton, les équations d'Einstein et les idées en cours dans la mécanique quantique. Il faut confondre positivement (ou par constat) le poids et la force d'inertie, étendre les équations de diffraction et d'interférence à tous les mobiles et aux mobiles de toutes sortes (ondes, particules, corps, systèmes, ...), et confondre la constante universelle **h** de Planck avec un moment.

CHAPITRE 1 : La théorie de la dualité

La lumière a-t-elle vraiment une vitesse limite ? Autrement dit, ne peut-elle pas aller plus vite que le c connu ?

1°) L'optique géométrique indique que l'indice de réfraction d'un milieu est n= $\frac{c}{c'}$, où c' est la vitesse de la lumière dans le milieu le plus réfringent. Autrement dit, un indice de réfraction nul fait possible une vitesse infinie. L'observation montre qu'en fait la vitesse de la lumière dans un milieu apparaît toujours comme la vitesse limite de la lumière dans ce milieu. Pourquoi cela ne serait-il pas le cas pour tout mobile se déployant dans un milieu quelconque ? Autrement dit, tout mobile doit être comme la lumière, c'est-à-dire avoir une vitesse limite variable dans chaque milieu traversé.

2°) Tenons maintenant S et S' deux systèmes de référence galiléens dans le même milieu. Lorsque S' se meut dans S à la vitesse u, S' et S étant munis chacun de trois axes orthogonaux, tout trajet direct dans S' apparaît dans S

sous l'aspect :
$$\begin{cases} dx = dx' + u_x dt \\ dy = dy' + u_y dt \\ dz = dz' + u_z dt \end{cases}$$
et dans S' sous

l'aspect :
$$\begin{cases} dx' = dx + u'_x dt' \\ dy' = dy + u'_y dt' \\ dz' = dz + u'_z dt' \end{cases}$$

Il en ressort donc que :

1°) $u^2 dt^2 = u'^2 dt'^2$; $(v-u)^2 dt^2 = v'^2 dt'^2$; soit :

$u'^2 v'^2 = v^2 (v-u)^2$; or : $v = v' + u - u(\dfrac{dt - dt'}{dt})$; donc :

$u'^2 (v - v')^2 = u^4$; et alors pour l'observateur extérieur à

S' : $(v - v')^2 (v - u)^2 = u^2 v'^2$; dans le cas précis du mobile

dans S' se déplaçant dans la même direction et le même

sens que S' lui-même, observons :

$v^2 - v(v' + u) + 2uv' = 0$, soit ici :

$v = \dfrac{v' + u + \sqrt{(v' + u)^2 - 8uv'}}{2}$, si : $(v' + u)^2 > 8uv'$; et :

$v = v' + u$, si : $(v' + u)^2 \leq 8uv'$.

2°) la longueur d'un objet ne change pas nécessairement
avec le déplacement du système de référence ; en effet,

31

tenons le segment de droite [A,B] ; sa position dans S est :
$[A,B]_S = (x_B - x_A ; y_B - y_A ; z_B - z_A)$; or : $x_B = x_B' + a$, et, $x_A = x_A'$ + a , donc : $x_B - x_A = x_B' - x_A'$, et donc : $[A,B]_S = [A,B]_{S'}$.

Maintenant, en prenant en compte le mouvement de S' selon les conditions déjà indiquées, nous notons que :

$dx_B - dx_A = dx_B' + u_x dt - dx_A' - u_x dt = dx_B' - dx_A'$, et pareillement : $dy_B - dy_A = dy_B' - dy_A'$, $dz_B - dz_A = dz_B' - dz_A'$; de sorte que si [A,B] est solide, ferme, ou uni, $d(x_B - x_A) = d(y_B - y_A) = d(z_B - z_A) = 0$

3°) comme toute chose, le temps la vitesse et la longueur sont des combinaisons d'absolu et de relatif

4°) tous les lieux de référence (respectivement tous les systèmes de référence) galiléens sont indépendants pour l'observation mais équivalents pour la définition et la formulation des phénomènes.

En dynamique, nous avons en relation vectorielle (les vecteurs sont en gras) :

$$\boldsymbol{p'} = \boldsymbol{p} - m\boldsymbol{u} = \boldsymbol{p} + m'\boldsymbol{u'}$$

*

La théorie de la relativité générale indique et repose sur l'équivalence de l'accélération et de la gravité. En effet, si S′ est soumis à une impulsion, l'observateur extérieur voit l'observateur intérieur chuter dans le sens opposé à celui de l'impulsion . Pour l'observateur intérieur, il y a donc naissance d'une pesanteur.

En prise canonique, à l'intérieur d'un système de référence soumis à une impulsion, il y a équivalence de l'accélération et de la gravité, hors de ce système, l'accélération et la gravité sont simultanées, égales et opposées.

La nouvelle composition des forces pour l'observateur extérieur doit provenir par extension à la dynamique, des relations :

$$\begin{cases} d^2x = d^2x' + du_x dt \\ d^2y = d^2y' + du_y dt \\ d^2z = d^2z' + du_z dt \end{cases} \quad ; \quad \text{et} \quad \text{donc :}$$

$$\begin{cases} d^2x' = d^2x + du_x'dt' = d^2x + g_x dt^2 \\ d^2y' = d^2y + du_y'dt' = d^2y + g_y dt^2 \\ d^2z' = d^2z + du_z'dt' = d^2z + g_z dt^2 \end{cases}$$

Elles conservent les remarques tirées dans le cas de la relativité restreinte reformulée, dont en l'occurrence, que : tous les lieux de référence (respectivement tous les systèmes de référence) sont indépendants pour l'observation mais équivalents pour la définition et la formulation des phénomènes ; c'est le principe général de la relativité reformulée ici[1].

En dynamique, cela donne : $d\boldsymbol{p'} = d\boldsymbol{p} + \boldsymbol{P}dt = d\boldsymbol{p} + d(m'u')$, $\boldsymbol{P} = m\boldsymbol{g} = -md\boldsymbol{u}/dt$, est le poids relativiste de l'observateur intérieur.

Globalement, $\boldsymbol{g}=-d\boldsymbol{v}/dt = Gm\boldsymbol{N}/S$, où S est la surface pressée ; G est désormais l'influx impulsionnel, ou le moment dynamique de l'impulsion sur le corps de masse m, qui se manifeste par la vibration, l'oscillation ; en effet, ρ étant la masse volumique du corps, $G\rho = \Omega_\omega$. Rappelons

que : $\Omega_\omega = \dfrac{a''}{a} + \dfrac{1}{a}\left(\dfrac{da\omega}{dt} + a'\omega\right)i - \omega^2$.

Cela dit, $\boldsymbol{g}$ est orienté dans le même sens que la surface pressée, et du fait de son égalité avec l'accélération ($\boldsymbol{g}=-\boldsymbol{\gamma}$), a même intensité partout ; de sorte que : $\sum \boldsymbol{F_{ext}} = -\sum \boldsymbol{P_{créés}}$. Ainsi si m_j est un élément de m, le poids de m_j est :

---

[1] Cf : DISCOURS EXTREMES DE PHYSIQUE MATHEMATIQUE

$$P_j = m_j\, \boldsymbol{g} = Gmm_j \boldsymbol{N}\,/S \ .$$

La conséquence immédiate sur la mécanique céleste est qu'il faut abandonner la mécanique céleste newtonienne. Sinon, il faudrait admettre selon la théorie de Newton, que lorsque le soleil est à l'Est les choses tombent vers l'Ouest, lorsqu'il est au zénith les choses tombent vers le bas, lorsqu'il est à l'Ouest les choses tombent vers l'Est, et lorsqu'il est au nadir les choses tombent vers le haut.

CHAPITRE 2 : la mécanique quantique revisitée

Pour discourir sur la mécanique quantique, un double préalable est de rigueur :

1°) le principe général de la relativité doit rester valable ; pour un observateur quantique, l'évènement quantique est observé par rapport à un système de référence quelconque ; cet évènement a donc même définition que dans n'importe quel autre lieu système de référence, mais ne peut pas nécessairement être perçu de la même façon partout

2°) le phénomène quantique est un élément d'une série ; en effet, en coupant une ligne L en n parties égales l, si elle est continue elle s'écrit : L=nl , et si elle est discontinue elle s'écrit : L_n=nl+(n-1)i , où i est l'intervalle constant entre les segments tracés.

Ainsi, de façon générale, si l'on écrit : L=$\sum l_j$, alors l'on peut écrire : L_n=$\sum l_j$+$\sum i_{j-1}$, avec j≥1.

Pour la mécanique quantique, il s'agit de concevoir une série énergétique :

E_n = $\sum E_f$ + $\sum E_c$, où les E_f sont les énergies de formation, et les E_c les énergies d'émissions qui demeurent comme des énergies cinétiques des quanta.

Plus loin, il faut relever que la quantisation d'une grandeur X est : $\dfrac{dX}{df} = \dfrac{dX}{vdn} = \dfrac{x}{v}$, où f est la fréquence de formation, v la fréquence d'émission, n le nombre de quanté formés et x le quantum formé.

Dans le cas de la mécanique quantique, X est l'énergie quantisée telle que : $\dfrac{dE}{df} = \dfrac{e}{v} = h$.

CHAPITRE 3 : La diffraction générale

A- LA DIFFRACTION SUR UN OBSTACLE A LA FOIS

La physique retient que la diffraction est la déviation que subit la propagation des ondes (acoustiques, lumineuses, hertziennes, rayons X , …) lorsqu'elles rencontrent un obstacle ou une ouverture de dimensions sensiblement égales à leur longueur d'onde .

Prenons en observation une onde quelconque :

1°) l'onde est le mouvement d'une chose dont la forme change

2°) l'ondement est le déplacement de l'onde.

Donc : l'onde est mouvement de quelque chose ; il n'y a pas d'onde au repos.

La mécanique ondulatoire peut alors revêtir ou l'aspect continu ou l'aspect discontinu.

La mécanique ondulatoire continue a pour thème la chose dont la forme change. A côté, il y a la mécanique ondulatoire discontinue qui a pour thème l'aspect onde-corpuscule. Cet aspect a deux formes : le corpuscule ondulant et l'association onde+corpuscule.

Dans le cas du corpuscule ondulant ou de l'onde corpusculaire, le quantum prend la forme :

$\int \hbar \omega \partial s = Gm^2 = 0$; où G est le moment dynamique de l'impulsion sur le corpuscule.

Dans le cas de onde+corpuscule, l'onde et le corpuscule sont réciproquement immobiles, parce que associés dans la même course. Il y a donc conservation de l'énergie mécanique, telle que : $\hbar\omega = mv^2$. Avec $\hbar\omega = hv_\lambda / \lambda$, où v_λ est la vitesse propre de l'onde, l'égalité est : $mv^2 = hv_\lambda / \lambda$. Or précisément ici, $v_\lambda = v$, et donc : $\lambda = h/mv$. Le sens de cette formule est qu'elle n'est possible que si le corpuscule qui se déplace est associé à une onde indépendante de lui .D'ailleurs, un travail plus précis à ce sujet a pour principe la relation : $\Delta(\hbar\omega) = \Delta(mv^2)$. Ainsi la relation cinématique caractéristique est : $s = n\lambda$, ou plus exactement $s = \Sigma\lambda_i$,où s est la longueur du trajet du corpuscule et l'autre du trajet de l'onde .

Or dans l'autre cas, l'ondulation et la translation sont concomitantes, puisque le corpuscule peut onduler surplace. La formule spécifique de ce cas est : $\int \hbar\omega\partial s = nhv = Gm^2$. Ici, la longueur de l'onde est transportée par une longueur indépendante, telle que : $ds = d\Sigma\lambda_i = vdt$.

En somme, dans un cas il y a association d'une onde et d'une translation, et dans l'autre, il y a association de deux translations.

Pour étendre ces résultats aux ondes non matérielles, il suffit de remplacer mv par des écritures appropriées. Et par suite, il s'agit chaque fois, d'identifier une propagation d'ondes à une course d'ondes. La course est la grandeur $\int p \partial t$ notée Γ. Or à première expérience, il est que : lorsqu'une course rencontre un obstacle, elle est déviée en entier ou en morceaux selon la direction de son arrivée. La direction de la course incidente étant θ ou i, la course diffractée est : $\Gamma' = \alpha\Gamma + \beta N$, où βN est la course diffractante, la course ordonnée par la réaction de l'obstacle. La fissilité ou non du bolide n'est pas en cause, parce qu'un bolide subit nécessairement une déformation au choc, du seul fait du principe de la diffraction générale : une course est déviée en vertu de l'égalité de l'action et de la réaction, au contact avec l'obstacle.

41

Donc globalement, il faut utiliser la formule : $\Delta\Gamma = \Gamma - \Gamma_0$, où Γ_0 est la course incidente. Lorsque la course traverse un trou ouvert mince, alors :

$\Gamma_0 = \Sigma\Gamma_{i+1} = \Sigma\Gamma_{2k-1}$, avec : $0 \leq i \leq 2k-1$, puisque : $\Delta\Gamma = 0$, le trou ouvert mince étant dans ce cas précis du vide ; k est l'indice relatif de fragilité du mobile incident ; soit $k = n_c d_{o/i}$, n_c est le nombre de chocs, et $d_{o/i}$ est la densité de l'obstacle par rapport au mobile incident.

B-LA DIFFRACTION SUR PLUSIEURS OBSTACLES A LA FOIS

Ici, sur les obstacles, le bolide agit comme un champ uni et non plus comme une singularité. Cette remarque est par ailleurs aussi valable dans le cas où il n'y a qu'un bolide à la fois dont la surface de contact est plate ou variée. Dans ce cas précis, lorsque le bolide est homoclite il se comporte aisément comme une singularité, en différence au cas où il est hétéroclite. De plus, lorsque la surface de contact du bolide est variée et varie alors le choc, la formule générale précédente ne s'applique pas aisément.

Cela dit, une transition par un bref aperçu sur le champ en physique, commande de présenter le champ en physique comme étant la juxtaposition ou une troupe de grandeurs de même nature. Il est varié lorsqu'elles ne sont pas égales, et uniforme dans l'autre cas. Il est uni lorsqu'il a pour siège une singularité, et éparse lorsqu'il a pour siège plusieurs singularités à la fois.

Il est aisé de montrer qu'un champ uni est uniforme nécessairement, mais pas l'inverse, puisqu'on ne peut l'écrire que sous l'aspect d'une multiplication. En effet, une chose unie Q a l'écriture d'une somme. Lorsqu'on l'associe à un champ, on forme une nouvelle somme qui est la multiplication qui positionne Q en multiplicateur.

Lorsque le champ est éparse, l'écriture qui convient est non pas $Q = \Sigma q_i$, mais : $Q = \}q_i\{_{1 \leq i \leq n}$. Dans le cas précis du bolide qui percute plusieurs obstacles à la fois, sa course au choc est nΓ, où n est le nombre d'obstacles. La formule est utilisable pour le bolide à surface d'impact varié, lorsqu'il percute un seul obstacle. Ainsi avec :

$\Delta(n\Gamma)=\Gamma \Delta n+n\Delta\Gamma+\Delta\Gamma \Delta n$, dans la constance nous avons $\Delta n=0$; et lorsqu'il y a des trous , Δn est la décrue du champ causée par la présence des trous.

C-LA DIFFRACTION ET LA REFRACTION

Il y a réfraction lorsqu'il y a double diffraction en vertu de l'égalité de l'action et de la réaction. En effet, avec i l'angle d'incidence, δ l'angle ou la direction de diffraction et r l'angle de réfraction :

1°) ou la réfraction n'est qu'une autre diffraction

2°) ou la course diffractée est conservée sous la forme de deux courses divergentes, la course diffractée et la course réfractée

3°) ou la réfraction est la codiffraction en vertu de l'égalité de l'action et de la réaction.

La relation fondamentale de la diffraction donne :

$(\Delta\Gamma)_\delta = \beta N$ (déviation causée par la réaction); or : $\beta N = -(-\beta N) = -(\Delta\Gamma)_r$, où r étant l'angle ou la direction de réfraction , $(\Delta\Gamma)_r$ est la réfraction (déviation causée par l'action). En clair, la réfraction est la codiffraction. Donc :

$$(\Delta\Gamma)_\delta + (\Delta\Gamma)_r = 0 .$$

Les calculs montrent que la poussée d'Archimède n'est qu'un cas particulier de la double diffraction, et la forme même de la première diffraction en général, selon la formulation suivante : **un bolide qui pénètre ou percute un lieu quelconque est repoussé ou dévié selon la masse volumique du lieu et selon la profondeur de la pénétration ou de l'impact.** En l'occurrence, au contact, l'obstacle reçoit l'impulsion par l'action : $F = N\, \Delta E_{ci}/\varepsilon = \mu\gamma$, où E_{ci} est l'énergie cinétique incidente, ε la profondeur de l'impact, μ la masse déplacée de l'obstacle et γ l'accélération reçue par μ. Or μ est égale à la masse volumique ρ de l'obstacle multipliée par le volume déplacé

V_ε . La poussée de l'obstacle ou sa réaction est alors : **R=-N**

$\Delta E_{ci} / \varepsilon = - \rho V_\varepsilon \, \boldsymbol{\gamma} = \rho V_\varepsilon \, \boldsymbol{g_\varepsilon}$, où $\boldsymbol{g_\varepsilon}$ est la gravitation relativisée de la masse déplacée de l'obstacle.

Les calculs montrent également que : $2m\mathbf{v} = m_\delta \mathbf{v_\delta} + m_r \mathbf{v_r}$, où m est la masse incidente, v la vitesse incidente, m_δ la masse diffractée, v_δ la vitesse après la diffraction, m_r la masse réfractée, v_r la vitesse après la réfraction ; il apparaît calcul à l'appui : $mv \sin i = m_r v_r \sin r = - m_\delta v_\delta \sin\delta$.

D- LA DIFFRACTION ET L'OPTIQUE

Lorsque l'obstacle est courbe ou lorsque la surface d'impact est courbe, il y a divergence ou convergence par rapport au centre de courbure C. Ainsi, en désignant la ligne ou l'axe de courbure comme la ligne qui porte le rayon de courbure principal, l'étude établit que dans le cas précis de la courbure uniforme, nous notons que :

1°) les directions de toutes les normales concourent à C

2°) lorsque l'obstacle est convexe par rapport à la course incidente, la course diffractée rencontre la ligne de courbure si la direction de la course incidente la rencontre dans la zone de concavité

3°) lorsque l'obstacle est concave par rapport à la course incidente, la course diffractée rencontre la ligne de courbure si la direction de la course incidente ne la rencontre pas sur le rayon de courbure principal.

En optique :

1°) l'obstacle est le milieu photoperméable ou optique

2°) la ligne de courbure est l'axe optique

3°) alors, l'évènement optique n'est possible que si au moins, dans le milieu optique, la lumière incidente est en partie ou en totalité diffractée ou réfractée vers l'axe optique.

E- CONCLUSION : DIFFRACTION ET INTERFERENCE

Les deux phénomènes sont liés au contact. En effet, dirigeons deux choses l'une vers l'autre ; au contact, il se passe :

1°) $\Delta \Gamma_1 - \beta_2 N_2 = - \Delta \Gamma_2 + \beta_1 N_1$, et donc :

$$\Sigma(\Delta \Gamma_i) = \Delta(\Sigma \Gamma_i) = \Sigma(\beta_i N_i) \text{ , s'il y a diffraction}$$

2°) $\Delta \Gamma_1 - \beta_2 N_2 = \Delta \Gamma_2 - \beta_1 N_1$, s'il y a interférence.
Globalement, le cas est :

$$\sum(\Delta \Gamma_i + \beta_i N_i = \Delta \Gamma_j + \beta_j N_j) \text{ , avec :} \quad 1 \leq i \neq j \leq n \text{ .}$$

Dans le cas de l'onde, il faut lier le phénomène ondulatoire et le choc par les formules suivantes :

$Gm = A \, dv/dt$; $G\rho = \Omega_\omega$; $2\varepsilon \, dv/dt = - v^2$; où G se manifeste par la perturbation ou la secousse infligée à un objet de masse m et dont la masse volumique est ρ ; A la surface d'impact, ε la profondeur de l'impact, ω la pulsation infligée à l'obstacle, v la vitesse incidente.

CHAPITRE 4 :   La matière, l'énergie, la lumière

A- LA MATIERE

La matière est l'absence du vide. Et différemment du vide qui est essentiellement nihilent (donné comme l'apparence du néant), elle se caractérise par une diversité d'états physiques mécaniques ou chimiques.

1°) Les états physiques fondamentaux

Il y a l'état solide, qui se caractérise par les molécules fortement fixes les unes sur les autres. Il y a l'état liquide, qui se caractérise par les molécules qui glissent les unes sur les autres. Et il y a l'état gazeux, qui se caractérise par les molécules détachées les unes des autres.

Cela dit, pour saisir l'adhérence intermoléculaire, il faut utiliser la chaleur volumique, la quantité de chaleur par unité de volume. Si nous la notons Q_v, l'adhérence ou le taux de l'étreinte recherché(e) est :

$$\beta = 1/Q_V = V/Q = 1/p_c$$

Où p_c est l'expansivité moléculaire. La dilatation est comprise dans cette formule sous la forme :

$$\beta/Q + d\beta/dQ = dV/Q\, dQ.$$

Avec G le facteur d'agitation des molécules et ρ la masse volumique du corps matériel objet, nous obtenons les formules : $G\beta = (1/\rho s)^2$ et

$G/\beta = (dv/dt)^2$, où v est la vitesse de la mobilité des molécules. Il en découle l'équation de mouvement : $\rho s \beta dv/dt = 1$.

2°) Les états mécaniques

L'état mécanique le plus courant est la course, lorsqu'une masse est en état de bolide. Ensuite, il y a l'électricité, le magnétisme, la vie et la lumière.

En effet, l'électron est le sujet d'une mobilité caractéristique donnée par la formule :

$m_e = ev = (ke^2\theta)^{1/3} = (Ge^3\omega)^{1/2} = (ke\theta/v)^{1/2} = Ge^2\omega/v$, où v est la vitesse de la charge e, k la constante de Boltzmann, θ la température ambiante, G le facteur d'oscillation et qui complexifie l'électron en biparticule dans l'instabilité, ω la vitesse angulaire de l'électron.

Une autre conséquence de cette formule est la formule : $m_e^3 = 2E_c e^2$, pour l'électron. Et en comparaison avec la structure chimique des corps, il

51

est aisé sinon tentant d'obtenir en ramassé, $m^3 = Eq^2$, où m est la masse du corps, E l'énergie totale latente et q la somme latente des charges électriques. En analysant, il ressort que : $m^3 = qR_\alpha F_c$, où F_c est la force d'interaction forte et R_α est la radioactivité du corps.

La course de l'électron est donc : $\int m_e dl$. Dans son interaction avec l'extérieur, il exerce sur les objets, la force : $\boldsymbol{F_e} = dm_e \boldsymbol{v} /dt$.

Lorsque l'objet est plutôt une autre charge électrique, le phénomène qui naît a la forme :

$q_1 v_1 + q_2 v_2 = (q_1+q_2)(v_1+v_2)$, donc : $q_1 v_2 = - q_2 v_1$. Autrement dit, les charges de même signe se repoussent, et les charges de signes contraires s'attirent. Avec n charges, le phénomène a la forme : $\sum q_i v_j = 0$, avec $1 \leq i \neq j \leq n$.

Le magnétisme est donc déjà présent dans l'électricité, notamment celle du négaton où la force centrale : $F_n = m_e v \omega n$, prend l'allure de la force magnétique F_μ .

B- L'ENERGIE

L'énergie en physique, est la capacité de produire le travail, selon la formule :

$\Delta E = +W$. L'énergie initiale est l'énergie incidente égale à la résistance du poste où s'exerce l'énergie. Ainsi, si (1) agit sur (2), l'énergie exercée est :

$E_{1/2} = R_2 + W_1$, où W_1 est le travail accompli par (1) et R_2 la résistance de (2). De part l'égalité de l'action et de la réaction, le couple action-réaction forme un couple isolé, et son énergie totale est constante, sous la forme :

$E_{1/2} - W_1 + R_1 = E_{2/1} - W_2 + R_2$

Lorsque le système est complexe, l'énergie totale se conserve sous la forme :

$\sum (E_{i/j} - W_i + R_i = E_{j/i} - W_j + R_j)$, avec : $1 \leq i \neq j \leq n$.

53

C- **LA LUMIERE**

Pour l'aperçu ontologique, il faut revenir sur l'écriture : $m_e\tau$, qui indique que l'électron est étalé sur la tangente de sa trajectoire. Il est donc à première idée, un filament. Et lorsque la tangente tourne, l'électron prend l'aspect d'une spirette.

Maintenant, de la même façon que l'électron est associé aux phénomènes d'attraction ou de répulsion, lorsqu'il rencontre d'autres sources d'attraction ou de répulsion, il subit de modifications mécaniques pouvant le mener à un stade de fulgurance : le rayonnement. Tous les cas répondent à la variation de la masse de l'électron telle que : $\Delta m_e = \psi(v,\theta,Gf)$, où ψ indique et est le lien de dépendance à Δv, $\Delta\theta$, $\Delta(Gf)$, et Gf est la transe électrique. Mais considérant l'équivalence du travail et de la chaleur, il s'agit de poser le taux de variation

Δm_e / ΔQ , où Q est la chaleur incidente, telle que lorsqu'elle tend vers l'infini et la température avec elle, il survient la relation : m_v /nhv =ec /nhv +1/nc^2 , donc :

m_v = ec + hv/c^2, la masse quantique formée, où hv apparaît comme l'énergie d'émission qui se perpétue comme la résonance de la radioactivité de la source radioactrice dans le milieu récepteur ou ambiant. Ce milieu reçoit une vibration d'amplitude a telle que : hv - ρSac^2 = 0, et ω = 2πv. Donc en thèse : la propagation de la lumière est la transmission de la vibration de la source radioactrice au milieu ambiant ou voisin. La preuve à cela est la disparition de la lumière dès que la radioactivité de la source cesse, lorsque l'on éteint une ampoule par exemple. La lumière est donc un transfert de vibration qui fait du photon une ondelette (une particule d'onde), fruit de l'ondelettisation subie par le milieu ambiant ; la lumière se déplace de façon ondelettatoire.

Ce caractère corpusculaire commande d'écrire que tous les rayonnements électromagnétiques ont la formule :

$$R_n = nm_vc^2 = nec^3 + nh\nu$$; l'énergie de formation est :
$$E_f = \sqrt{h^2\nu^2 + k^2\theta^2} - h\nu$$; la distance qui sépare deux

quanta successifs est δ telle que : $$\frac{k^2\theta^2}{hc}\delta = \frac{hc}{\lambda}$$, donc :
$k\theta\sqrt{\lambda\delta} = hc$.

La cinématique du photon dépend de ce que, la vitesse de la lumière doit être variable. Sinon les phénomènes de double diffraction (réfraction et réflexion) ne seraient pas possibles avec la lumière. Car, pour changer de direction, le bolide doit d'abord s'arrêter. Ainsi, l'effet photoélectrique indique qu'au choc, le processus quantique qui naît découle par maillon du changement déterminé par la loi suivante des chocs :
$$\begin{cases} \sum \Delta p_i = 0 \\ \sum \Delta E_i = 0 \end{cases}$$, tel que lorsque le rayonnement arrive sur un

objet Ω : $\Delta m_vc^2 + \Delta E_\Omega = 0$, et alors :

$$0 - m_v c^2 + E_f + E_v = 0 \quad ;$$

$E_f = \sqrt{E_v{}^2 + k^2\theta^2} - E_v$; E_v est une énergie cinétique.

CONCLUSION : Les relations d'incertitude

La mesure ē d'une grandeur est le taux de sa présence sur l'instrument de mesure. Cette mesure peut être acquise avec une marge d'imprécision $\Delta e = \bar{e} - e$, où e est la mesure exacte de la grandeur E.

Cela dit, deux grandeurs sont compatibles sur l'instrument de mesure, lorsqu'elles sont concomitantes sur l'instrument de mesure. Autrement dit, soit à mesurer les grandeurs EA et A+E. Elles sont compatibles, si :

$\Delta ae = \overline{ae} - ae$, et : $\Delta(a+e) = \overline{a+e} - (a+e)$. Elles sont incompatibles si : $\Delta ae = \bar{e}\bar{a} - ae$, et : $\Delta(a+e) = \bar{a} + \bar{e} - a - e$.

Donc, dans le cas de l'incompatibilité, $\Delta(a+e) = \Delta a + \Delta e$, et : $\Delta ae = e\Delta a + a\Delta e + \Delta a\Delta e$.

Il en va nécessairement autrement du cas de la compatibilité où les écritures suivantes s'imposent :

1°) $\overline{ae} = ae + \Delta a\Delta e$, donc : $\Delta ae = \Delta a\Delta e$

2°) $\overline{a+e} = a+e + \dfrac{(a+e)\Delta a\Delta e}{a\Delta e + e\Delta a}$, donc : $\Delta(a+e) = \dfrac{(a+e)\Delta a\Delta e}{a\Delta e + e\Delta a}$.

Les imprécisions de mesures sont imputables à l'étroitesse de l'instrument de mesure, à la maladresse du mesureur, au vice de l'instrument de mesure, mais aussi au contact avec le phénomène. Lorsque le mesuré et le mesurant se rencontrent, il y a contact tel que réciproquement ils s'influencent. Cela donne $\Delta a = Gx$ et $\Delta e = G'x'$, où G et G' indiquent les perturbations subies respectives. Pendant un délai Δt, la précision reste inaccessible telle que :

$\Delta a = a\omega\Delta t/2\pi$, par exemple, où ω est une pulsation. En amont comme en aval, les remous peuvent s'estomper au bout de ce délai, mais les incertitudes incompressibles restent possibles s'il y a un décalage entre le délai de disponibilité $\Delta\tau$ de la grandeur, et Δt. Ici, il faut alors compter : $\Delta\tau - \Delta t = h/2W - \Delta x/fx$; il n'y a assurément de mesure possible que si : $\Delta\tau - \Delta t \geq 0$.

PAR

Guy de Maxence Afanda

www.ingramcontent.com/pod-product-compliance
Lightning Source LLC
Chambersburg PA
CBHW070919180526
45168CB00005B/2074